若者の心に刻まれた夏

ある民放会社の社会貢献

辻敬一郎

風媒社

目次

まえがき

世界はずいぶん狭くなった。人的往来や物流とともに、文化やライフスタイル、近年はウィルスまでもが国境を越えて往来する。しかし、半世紀あまり前、「海外」はまだ遠かった。

本書は、卒業記念や語学研修など若者の海外渡航が盛んになる遥か前、創業1周年を機に一民間放送会社である名古屋テレビが1963年に着手して1992年まで30年にわたり実施した学生海外派遣事業につき、第1回派遣団長を務めた筆者が自身の体験や仲間との交流を回想したものである。

とはいえ、あの時から60年余り経ち、その間に変容してしまった記憶も少なくない。そのことを予めお断りしておきたい。内容はあくまで筆者の私的な回想であるが、史実の記述に倣って人名の敬称は一部を除き省略した。

貴重な人生体験の機会を与えてくださった名古屋テレビに感謝の意を表するとともに、本書が若者の海外志向を促す契機となれば嬉しく思う。

2024年8月　訪米から61回目の夏に

筆者

Ⅰ　名古屋テレビの社会貢献事業

名古屋テレビの開局と学生海外派遣事業

我が国におけるテレビ時代の幕開けとともに名古屋放送株式会社（名古屋テレビ：NBN）が本放送を開始したのは1962年4月である。

当時、東海地区（愛知・岐阜・三重の三県）をサーヴィス・エリアとする局には、NHKのほか、中部日本放送（CBC）と東海テレビ（THK）の民放2局があり、名古屋テレビの参入はそれに次ぐものだった。ちなみに、この局の通称は2003年以降「メーテレ」と改められているが、本書では旧称の「名古屋テレビ」を使用する。

開局1周年を迎えた1963年1月、創業者で初代社長の神谷正太郎（1898～1980）は、年頭挨拶において二つの事業計画を発表した。一つが「街に緑を」キャンペーンにもとづく名古屋市中心エリアの環境緑化、もう一つが学生の海外派遣である。「健全で品位ある放送事業を通じて、国の発展に寄与し、地域社会に奉仕する」ことをめざす社是に照らせば、「海外派遣」が前者、「緑化推進」が後者に関わる事業であり、いずれもが将来を見据えて公共社会への利益還元を企図したものにほかならない。

それにしても、後発局として放送事業に参入して僅か1年、ビルを間借りしたスタジオでは本番中に室外の音で収録が中断することもある状況だったから、経営責任者としてまず自社の施設整備や営業実績向上を図りたいところだったろう。それだけに、長期的展望に立つ公共事業に着手するとなれば、格別の決断が必要だったにちがいない。

神谷正太郎の生活史

何がこれほどまでに神谷の情熱を掻き立てたのだろうか。まずは、関係資料（ウィキペディア記載）の内容を参照しつつそのことを探ってみよう。

1898年、愛知県知多郡横須賀町（現在の東海市）に誕生した神谷は、名古屋市立商業学校（現在の市立名古屋商業高等学校）を卒業して三井物産に入社、シアトルやロンドンで駐在員として勤務したのち退職した。

その後、36歳にしてロンドンで鉄鋼を扱う商社「神谷商事」を設立し、日本やインド向けの鉄鋼輸出を手がけた。しかし、折悪しく炭鉱労働者のストライキの煽りを受けて経営不振となり、僅か2年で廃業のやむなきに至る。帰国した彼は、ゼネラルモーターズ日本法人「日本ゼネラルモーターズ」に入社、販売を担当しディーラーとしての腕を磨いた。

1935年、豊田自動織機が初の国産自動車生産に着手するにあたり、自動車部門の創業者であった豊田喜一郎の誘いを承けて販売担当役員になると、各地に赴いて代理店契約を結び、全国に販売網を広げた。やがて太平洋戦争が勃発して自動車販売が規制されたが、戦後いち早く自社のディーラー網を復活させた。

1950年、危機を迎えたトヨタ自動車では、経営強化のため製造部門（トヨタ自動車工業）と販売部門（トヨタ自動車販売）を別組織とする「工販分離」を断行する。神谷は自販の初代社長となり、強力な販売店網を確立、戦後日本のモータリゼーションを追い風にして、自工とともに業績を拡大していく。後年、神谷が「販売の神様」と称された所以である。

その彼が、1961年、名古屋放送株式会社を設立、創業者として初代社長に就いた。

開局まもない民放局が前例のない先述の二大事業を発足させるにあたっては、資金面のみならず多くの難問を解決しなければならなかったにちがいない。

学生海外派遣事業の設計

前述のように、開局1年後の年頭、神谷は「学生海外派遣事業」を公表する。それと同時に、「名古屋海外派遣奨学会」を設置、実施規程を制定した。この事業がどのように構想されたかを窺い知ることができるので、以下その全文を示そう。

〈名古屋海外派遣奨学会規程〉

第1章　総則

第1条　(1)本規程は、優秀な学徒に専攻部門に応ずる研究ならびに放送事業の業況研究のための海外派遣資金（以下、派遣遺資金という）の給与に関する事項を定める。
(2)派遣資金の給与を受ける者を名古屋放送海外派遣学生（以下、派遣学生という）という。

第2条　(1)派遣学生となる者は、日本国民であって、愛知・三重・岐阜の三県下の高専・大学・

または大学院に在学し、学業優秀・思想堅実・身体強健な者でなければならない。
⑵派遣学生は帰国後、名古屋放送株式会社に研究の成果について報告書を提出しなければならない。

第3条　派遣学生の種類を次の通りとする。
(イ)大学派遣生　(ロ)大学院派遣生　(ハ)高専派遣生

第4条　派遣学生の派遣先・期間及び派遣資金額は選考委員会が決定する。

第2章　派遣学生の決定と派遣資金の給与

第5条　⑴派遣学生志望者は、保証人1名と連署した派遣学生願書に次の書類を添えて現に在学する学長を経て、選考委員会事務局宛に提出しなければならない。
(イ)在学学長の推薦書・学業成績書・人物考査書
(ロ)履歴書　(ハ)戸籍謄本　(ニ)医師の健康診断書
⑵保証人は、本人が未成年者の場合、その保護者（親権を行う者、または後見人）、成人の場合、父母兄姉またはこれに代わる者とする。

第6条　⑴派遣学生の決定は、派遣学生選考委員会が行い、その結果は本人に通知する。
⑵前項の通知を受けた者は、所定の誓約書及び書類を事務局へ提出しなければならな

第7条　派遣資金の給与を受けた派遣学生はそのつど直ちに派遣資金領収書を事務局へ提出しなければならない。

第8条　派遣学生は渡航までに次の各条の一つに該当する場合、保証人と連署の上、直ちに届け出なければならない。

①休学・転学また退学したとき
②停学その他処分を受けたとき
③傷病その他の理由により渡航に支障を来たすとき
④保証人を変更するとき
⑤本人または保証人の氏名・住所など重要事項に変更があったとき

第3章　給与の停止その他

第9条　派遣学生は日本国民としての名誉を重んじ、研究の成果を挙げねばならない。

第10条　派遣学生が、渡航までに次の各号の一つに該当すると認められる場合は、在学学長の意見を聞いて、派遣資金の給与を停止することがある。

①第8条の①・②・③に該当するとき

②学業成績または素行が不良となったとき

第11条　派遣学生選考委員会は、派遣学生に渡航中その責務を怠り、品位を傷つける行為ありと認めたときは、帰国させることができる。

第12条　派遣学生が渡航中傷病など不測の事態により給与額を超えた場合は、その額につき帰国後関係学長・保証人および名古屋放送株式会社の三者でその処置を協議する。

第4章　派遣学生選考委員会

第13条　(1)派遣学生選考委員会は名古屋放送株式会社におく。

(2)派遣学生選考委員会の任務・組織および運営に関する事項は別に定める。

以上

硬い規程の全文を載せたのは、それが当初の事業構想を窺わせるからである。しかし、後に述べるように、実際の事業内容は必ずしもその方針に適うものとなっていない。例えば、第1条で、派遣学生の専攻分野に関連した研修を行うこと、および放送事業にまつわる見聞を広めることが目的に掲げられているが、後に示すように、第1回から第30回までのすべての年度を通じ、実施された研修プログラムは必ずしもこの趣旨に沿ったものではなかった。放送会社による事業の独自性をアピールすることなど、許認可を得るために掲げられた一面もあったと推察できる。

少なくとも、この時点では研修の受け入れ先の大学も研修プログラムも決まっていなかったのだから、それも止むを得なかったのだろう。

事業計画とその許認可申請

当時、日本人の海外留学と言えば、フルブライト給費奨学生制度による研究者派遣のほかには先例が皆無であった。そのような状況下、毎年夏に大学・学部（専攻）・学年の異なる10名の学生グループを米国に派遣して1～2カ月間の研修を体験させようというのである。そのための必要経費が毎年1000万円に上る。1ドル360円の貴重な外貨をそれに充てるというのだから、申請を受けた省庁においても、少なからず議論があったにちがいない。

先にも述べたように、放送事業の公共性に照らして利益の社会還元を図るというのが神谷の信念であり、構想は将来を見据えたものであった。この事業計画について、神谷がいつごろから関係者に打診していたのか、申請に対して「待った」がかかりはしなかったのか、社内で懸念の声が起きなかったのかなど、いくつかの疑問が浮かぶのだが、この間の経緯はとうてい筆者の知りうるところではない。

研修機関の決定

事業の公表から第1回派遣までは、半年余りしかなかった。いくつかの懸案事項のうちでとりわけ急を要したのが派遣先つまり研修受け入れ機関の決定である。一民間企業が米国の大学と直接に交渉を行うというのであり、しかも事業は単年度で終わるものではない。

この件について神谷が助力を求めたのが勝沼精蔵（1886～1963）である。勝沼は、名古屋帝国大学医学部教授を経て名古屋大学第3代総長を務めた人物であり、日本の血液学・神経学の先駆者として知られ、その功績によって1954年に文化勲章を授与されている。

勝沼は1962年4月から6月まで名古屋テレビ放送番組審議会の初代委員長を務めている。その縁もあって、神谷は派遣事業の構想について勝沼に相談していたと思われる。上述の派遣規程の策定や選考委員会の構成に際し近隣大学長の協力が得られるよう

派遣事業発足を支えた人たち
左から、勝沼 精蔵・神谷 正太郎・レイ オルピン

仲介を依頼するとともに、研修受け入れ機関についても助言を求めたのであろう。同時に神谷は、在名古屋米国領事館にはたらきかけ、傘下にあった名古屋アメリカ文化センターの支援を得た。

研修機関について神谷の相談を受けた勝沼は、ユタ大学（University of Utah）の学長だったオルピン（Albert Ray Olpin、1898～1983）に話を持ちかけ、神谷を紹介したと思われる。

オルピンは、ユタ州にあるブリガムヤング大学の卒業生で、コロンビア大学において博士学位を取得したのちベル研究所でテレビ放送の技術開発を担当したが、その後1946～1963年の長期にわたりユタ大学第7代学長を務め、着任当初の学生数4000だった規模の大学を1万2000に拡大するなど、その整備充実に顕著な功績を挙げた。

勝沼とオルピンの出逢いや相互交流について、筆者は確かなことを知りえなかったが、オルピンは若いころモルモン教宣教のため3年間日本に滞在し、日本語に堪能な上、我が国の歴史や文化にも通じていた。その彼が1963年春、偶々来日した。当時、学長補佐を務めていたジャーヴィス（Boyer Jarvis、1923〜2019）の述懐によれば、日本の公教育の現状視察が主な目的だったようである。

その機会に、勝沼の仲介によって神谷はオルピンと逢い、派遣事業の構想を伝えるとともに、研修の実施について助力を求めた。神谷のヴィジョンに共感したオルピンは、すぐさま学長補佐のジャーヴィスに航空書簡でそのことを伝え、研修受け入れの可否について打診している。ジャーヴィスが即座に受け入れの準備に入る旨オルピンに返答したことなど、筆者はその間の経緯を後に彼から直接聞くことができた。

『名古屋テレビ10年史』によれば、オルピンがその年4月18日に来社とあるので、神谷との会談を経て研修受け入れを決めた直後、協定書の交換のため訪れたのではなかろうか。このときは専務の水野鐘一と常務の加藤万寿男が対応に当たっている。

物事がこれほど迅速に運ぶのは例外中の例外と言ってよい。してみると、神谷とオルピンの出逢いは運命的であり、二人は深く共感しあったにちがいない。

先述のように、神谷が事業計画を発表してから第1回の派遣が実現するまでは半年あまりしかなかった。その間、並行して中央省庁との交渉などが進められてはいたものの、派遣先の決定と派遣生の選考などの作業に要した日数を考えると、じつに驚異的な展開である。

今なおいくつかの〝謎〟が残るものの、日米双方でも前例のなかった人材育成の一つの「かたち」が定まり、以後30年にわたって若者に貴重な海外体験の機会を提供しつづけることとなった。

先に紹介した神谷の経歴に照らすとき、この事業に並々ならぬ情熱を燃やした心のうちが明らかになる。「先見のトライアングル」の構成者と言うべき神谷・勝沼・オルピン3名の謦咳に接することができた筆者は、彼らに対する尊敬の念をますます深くしたのである。

Ⅱ　派遣に至る経緯

時代背景

この事業が始まった１９６０年代初めはどのような時代だったのだろうか、まずはそのことにふれよう。

終戦から十数年を経た我が国は新興期に入りつつあり、海外派遣事業開始の翌年にはアジア初の五輪開催を控えて、東海道新幹線や名神高速道路など社会インフラの整備が鋭意進められていた。

だが、この時期、日本人にとって外国旅行はまだ夢であり、夏期休暇を利用して学生が海外研修に出かけることなど考えすら及ばなかった。観光目的で一般民間人がパスポートを取得できるようになるのは第１回派遣の翌１９６４年のことであり、当初はほとんどが旅行会社の企画による観光目的の団体旅行であった。

他方、米国の状況はどうだったのか。筆者の訪米した１９６３年には、公民権運動、衛星中継によるテレビ送受信、ケネディ大統領暗殺など、20世紀の歴史に刻まれる出来事が相次いで起きた。後に「現代アメリカの夜明け」と呼ばれる時期であると同時に、旧い米国から完全には脱却しきれない状況にあった。

派遣生の選考

前章に掲げた規程にもとづいて第1回派遣生の募集が開始されたのは１９６３年３月、５月６日の期限には１３７名が応募、選考が行われた。選考に直接関わったのは、社内の各局長とアメリカ文化センター館長のデーヴィッド・スミス（David Smith）である。

書類所見と英語能力（ＴＯＥＦＬ得点）にもとづく第一次選考の成績上位者に面接試問が行われ、最終的に10名の派遣生が決まった。幸い、筆者はその一人に選ばれたのだが、面接の席上、「博士課程在学なのだから海外に行く機会は他にもあるのでは？」と言われて半ば諦めていただけに、合格の喜びは大きかった。

派遣団の結成とメンバーの役割分担

第1回派遣生が決まった時点で、出発までは1カ月ほどしかなかった。結団式に参集したのは、愛知・岐阜・三重3県下6大学に所属し、大学院博士課程3年次から学部2年次に在学する者で、専攻は人文社会科学系1、外国語系2、工学系3、農学系2、医学系2と、多様なメンバー構成であった。

初顔合わせの席で筆者が団長に指名された。おそらく最年長者の一人だったからであろう。しかし、メンバーの多くは、所属大学においてESSやISAの代表を務めるなどリーダーの経験者であり、英語にも堪能だった。筆者の出る幕ではないと思い、団長を辞退したいと申し出たのだが、受け容れられなかった。

メンバーは出発までに4～5回の顔合わせをし、そうするうち、コミュニケーション能力も協調性も申し分のない面々であり、当初からグループの凝集性の高いことが判った。

私たちは、滞米期間中の共同生活に必要とされる役割について話し合い、団長・副団長（2名、健康管理を兼務）・渉外・食生活管理・宿泊管理・連絡担当の役割分担を設けることにした。滞米中、想定外の事態に直面して俄作りの役を立てたこともあるが、予め定めた役割は概ね妥当だった。

出発準備

研修を控えた新聞社主催の懇談会

出発までの期間、神谷は、多忙な職務の時間を割いて何度も私たちと面談し、メンバーが各自の視点で米国の実情を捉えるよう奨励した。この間、自身の海外体験を語ることはなかったが、それも私たちのポテンシャリティを引き出そうとする心遣いだったように思われる。

出発を控え、新聞社企画の座談会も設けられた。そこではメンバーがそれぞれ自身の抱負を述べたのだが、それを聴く機会もまた心の準備に役立った。もっとも、この時点では、異質なメンバー構成の一員であることのメリットをさほど強くは意識できずにいたのだが、実際に滞米生活を始めてみると、同じ体験にも

毎日新聞（夕刊）　昭和38年（1963年）7月7日

アメリカでこう学びたい

名古屋テレビ第一回海外派遣学生　座談会

専攻の目で大国の生命力を追求する

ヒモつきでないから充分に

出席者

新聞社主催座談会の記事

かかわらず、その受け止め方がそれぞれ異なることを知り、多様な構成による研修の「よさ」を実感できた。

この時期、筆者には、団長としての務めもあった。出発挨拶に勝沼精藏を私邸に訪ねたのもその一つである。勝沼からは、この事業に対する深い理解と成果への期待の言葉を授かった。また、在名古屋米国領事館を訪問して支援に対する謝意を伝えた。

訪米は喜ばしいことであったが、そのために自分の研究活動を一時期中断せざるをえなくなり、進行中の実験に一区切り付けておかねばならず、出発までの日々はとにかく慌ただしかった。

研修案の検討

選考作業を含めた派遣に向けた実務は、副社長の川手泰二・企画局長の西元利盛の指揮下、企画課の岡島秀和・安田忠治が担当した。また、アメリカ文化センター館長スミスの指示下、館員の槌谷定子が名古屋テレビとユタ大学の連絡に尽力した。

他方、ユタ大学では、ジャーヴィスの指揮により研修の準備作業が鋭意進められていた。数ある米国の大学においても、外国人学生グループを受け入れて短期研修を実施している例は他になかったから、文字通り「ゼロからの出発」であった。しかも、事業が日本の一民間会社と米国の一大学との間で締結された協定に基づくという点でも異例であった。双方の関係者は、筆者の知りえないところで多くの困難に遭遇し、その解決に努めていたにちがいない。

ユタ大学紹介

ここで、研修の受け入れ校となったユタ大学（University of Utah）についてふれておこう。

この大学は「ミズーリ川以西初の大学」として1850年に設立された州立の総合大学である。ソルトレイク郡にある広大なキャンパスには、各学部の研究棟・講義棟のほ

当時のユタ大学（絵葉書から）

か、中央図書館・学生会館・寄宿舎・食堂・売店などが点在し、フットボールのスタディアムやゴルフのコース、室内プールやボウリング場も設けられていた。筆者が当時所属していた大学の建物は戦時中の兵舎を再利用したものであり、彼我のあまりの違いに圧倒されるばかりだった。

先に述べたように、オルピンは第7代の学長であったが、彼の在任中、ユタ大学はめざましい発展を遂げた。学生数は着任時の4倍まで増加、学部学科も増設され、キャンパスの施設整備も実現した。

研修プログラムの模索

研修の受け入れが決まったユタ大学では、充分な時間的余裕のない中で、関係者がプログラムの検討を急いでいた。

ジャーヴィスが中心となり、名古屋アメリカ文化センターから提供される情報を参考にして作業が進められたが、その結果として決定されたプログラムは、派遣事業規程に定められたものとは異なるものとなった。すなわち、総則第1条には、派遣学生の専攻に関する研究と全員を対象とする米国放送事業の実情視察が目的として掲げられていたが、研修内容にはそのいずれも盛り込まれなかった。

それはどうしてなのだろうか。規程に掲げられたのは事業認可を得るためのいわば方便として放送会社の独自性を強調したものであり、ユタ大学が派遣生のために準備したプログラムこそがオルピンに伝えた神谷の構想を具体化したものだったというのが筆者の推測である。次章に述べるように、そのプログラムが以後30年に及ぶ研修の基本型として踏襲されたことがそのなによりの証と言えよう。

Ⅲ　第1回派遣生の研修

研修プログラムの確定

受け入れを決めたユタ大学側では、ジャーヴィスの指揮下、策定されたプログラムに沿って実行グループが編成され、教授会のほか同窓会・学生会が協力する形で実施の準備が鋭意進められた。そのほか、在ユタ州日系米人協会やソルトレイク市民ヴォランティア団体からも支援の申し出があった。

第1回研修のプログラムは、後に述べるように、米国の実情を肌身で感じることができるよう配慮された「体験型」のプログラムであり、その基本方針が以後30年にわたって踏襲されることになる。

これはあくまで筆者の推測であるが、規程は規程であって、そこに掲げられた内容は必ずしも神谷の構想していたものではなかったと思われる。オルピンとの会合を通じ、神谷は自身の想いを披露したのであろう。ユタ大学が準備した研修プログラムこそがその精神を反映したものだったにちがいない。若者が将来様々な分野で活躍する素養を培うこと、それがこの事業に託した神谷の願いだったからである。

Japanese students who arrived Tuesday in Salt Lake City will spend 45 days on study tour of the United States, beginning at the U. They are identified in story.

Begin U.S. Tour at U. Sessions

10 Japanese Students Arrive in S.L.

"We are very, very tired. We haven't slept—"

"The United States is dry. The air is not wet, I think."

"IN TOKYO YOU can't wear a coat and tie, because the air is very humid."

"We like best already the people in the United States. They are so kind—"

TEN TIRED—but very excited Japanese college students arrived at Salt Lake Airport

right, to rear in the picture: Koichiro Tsuji, 26, third-year student in pedagogical psychology, Nagoya University; Yoshiyuki Ono 24, senior medical student, Nagoya University; Hiroshi Ikeda, 20, sophomore student in agricultural civil engineering, Mie Prefectural Un

現地入りを報じた地方紙

オリエンテーション ～講座・実地見学～

未明にサンフランシスコに降り立った私たちは、休日で閑散とした市街地を歩き回ったのち、その夜ソルトレイクに到着した。空港には地元紙の記者とカメラマンが待機していて、彼らの取材を受けた後、出迎えの教授たちの車に分乗して、学寮の一つ「ヴァンコット・ホール」に入った。

一般に欧米の大学寮では、長期休暇に入る前に寮生は自室を明け渡し、サマースクールの受講者や学術会議参加の外来研究者の利用に供する。この寮も例外ではなく、滞在中の私たちのために準備されていた。だから、ロビーやシャワールームなど共用部分も自分たちだけで自由に使用できた。この建物は、後に取り壊されて駐車場となってしまったが、居住性に富む学寮だった。

ヴァンコット・ホール

研修（授業）風景

研修は翌日朝から始まった。それも午前7時30分集合である。寝ぼけ顔の私たちにいきなりオリエンテーション講座「米国史」の講義が行われた。英語に不慣れな私は仲間の陰でひたすら睡眠不足を補っていたのだが、他のメンバーは熱心に聴講し、活発に質問していた。

この講座では、米国の歴史・地理、

学生会の世話役

ウシオさん宅にて

教員家庭の昼食会

工場見学を終えて

法律・政治、経済・産業、学術・文化をテーマにして、それぞれユタ大学教員が講義を担当した。午後の時間は、学生会の有志が案内役として同行し、実地見学が実施された。見学先は、塩湖として知られるグレート・ソルトレイクなど近郊の自然、銅資源採掘場・原住民記念館・州会議事堂・モルモン教会、日系米国人経営の銀行や法律事務所、大学付属病院などである。夜には、野外劇観賞やフットボール観戦も組まれていた。また、この期間、オルピン総長への表敬訪問、総長夫妻主催の茶会出席、日系人家族会と

ソルトレイクの観光名所（絵葉書から）

の交流などもあった。

一日の行事を終えると、メンバーは宿舎のラウンジに集まりその日の体験について感想を語り合うなどした。タイトなスケジュールだったが、若さゆえ専ら充実感を愉しんだ。

滞在中、団長の私には、就寝前に済まさなければならない作業があった。毎日欠かさずその日の活動について名古屋テレビあてリポートを書き送ることである。渡航前あらかじめ買い求めておいたエアログラム（航空書簡）にその日の活動を記して、翌朝一番にそれを投函した。このエアログラム、２０２３年秋、74年の歴史に幕を閉じ廃止となったが、封筒兼用の便箋にハガキ3枚分の文章が書けるうえ写真も同封できる優れもので、当時ずいぶん重宝した。

出発前にこれをまとめ買いして持参し、それを使って就寝前に日報を書いた。電子メールなど想像すらできなかった当時、こうして書き送った「日報」は『報告書』に収められ、今では研修の実情を再現する上に貴重な資料となっている。

米国内旅行

ソルトレイクにおけるプログラムが終わると、エキサイティングな体験の機会が待ち受けていた。それが自動車による大陸横断往復の旅である。

出発は7月20日の正午を過ぎた頃だった。その時ちょうど部分日食が始まろうとしていたから、そう記憶している。

ステーションワゴンの新車2台に分乗した私たちは、以後25日かけて米国大陸を横断する往復1万2000キロを旅し、その間に17都市を訪れ、学生交流し、施設見学、ホームヴィジットなど貴重な体験を得た。ちなみに、この距離は稚内から鹿児島までの2往復半に相当する。

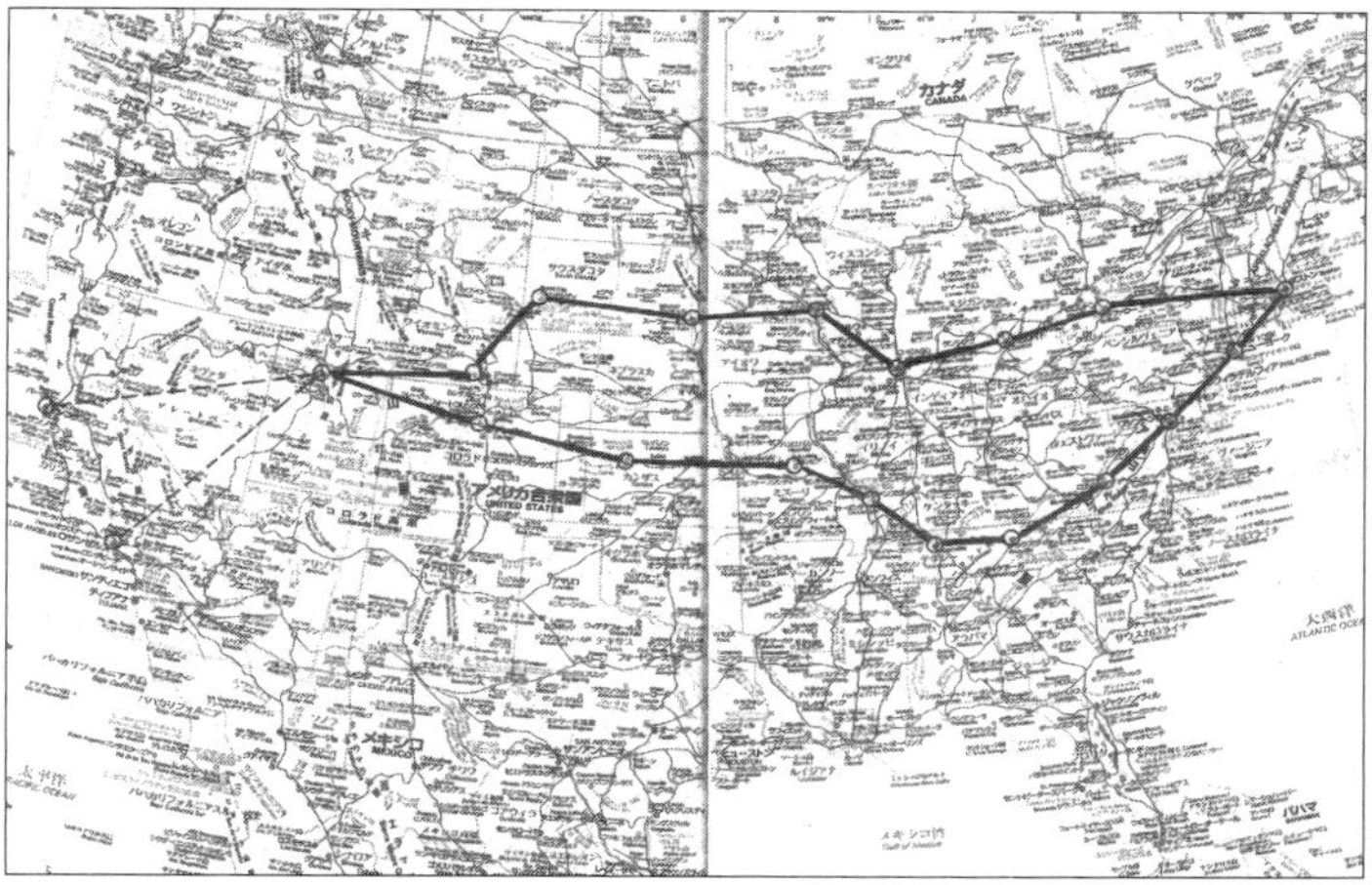

米国内自動車旅行の経路

点ではなくて線でこれだけ長距離を移動するという体験の機会は米国人や米国在住者でも得がたいことだろう。渡米前の私たちには映像でしかなかった自然や都市が次々と展開する様子を目の当たりにし、興奮し放しの日々であった。移動の軌跡は上の地図に示したが、歴訪地などその詳細は次ページに掲げるとおりである。途中、終日ほとんど休憩なく走行しても辺りの光景はまったく変わらないという日が続くことも稀ではなかった。

ステーションワゴンの真っ白なボディには“Property of the University of Utah”の文字があり、東部の都市では通行人や他のドライヴァーの眼を惹いた。

国内旅行の日程

月日	宿泊地・宿舎	行事など
7/20	Boulder (Colorado) University of Colorado	日本人留学生と面会
7/21	Hayes (Kansas) Fort Hays Kansas State College	学生交流
7/22	Columbia (Missouri) University of Missouri	灌漑施設見学・学生交流
7/23	Carbondale (Illinois) Southern Illinois University	学生交流
7/24	Nashville (Tennessee) Vanderbilt University	学生交流
7/25	Knoxville (Tennessee) University of Tennessee	テネシー峡谷開発局訪問
7/26	Roanoke (Virginia) Lake-view Motor Lodge	市内見学
7/27 ～ 30	Washington, D. C. Hotel Ebbitt	駐米大使館表敬訪問 ゲティスバーグ史跡観光・ ホワイトハウス訪問
7/31 ～ 8/2	New York (New York) Times Square Motor Hotel	国連本部訪問・ミュージカル観賞・プロ野球観戦
8/3 ～ 5	Boston (Massachusetts) Harvard University	イエール大学訪問・ハーヴァード大学見学・市内観光・ホームヴィジット
8/6	Buffalo (New York)　Towne House Hotel	ナイアガラ瀑布観光
8/7	Detroit (Michigan) Downtown YMCA	フォード博物館見学・ホームヴィジット
8/8 ～ 10	Chicago (Illinois) International House Chicago	学生交流・農産工場見学
8/11	La Crosse (Wisconsin) Hotel Stoddard	演劇観賞
8/12	Sioux Falls (Illinois) Sioux Falls College	ディック誕生日祝・学生交流
8/13	Rapid City (South Dakota) Sheraton-Johnson Hotel	ラシモア観光
8/14	Laramie (Wyoming) University of Wyoming	メンバー懇親

道路脇で小休止。野生動植物にも遭遇

西部劇を想わせる荷馬車。
右から二人目がボブ

荷物の積み下ろし作業が日課

このツアーのディレクター兼ドライヴァーを務めたのがボブことロバート・ムカイ（Robert Mukai）である。当時32歳の日系2世、ユタ大学ロウ・スクールを出て弁護士業に従事する傍ら母校ディベイト・ティームの指導者を務めていた。オルピンが自ら彼にこの大役を依頼したことからも、ボブがいかに高く評価されていたかが判る。その年の春、彼はマユミと結婚、ツアには途中ワシントンから彼女が私たちに合流した。もう1台のドライヴァーは法律専攻の大学院生ディックことリチャード・バレル（Richard Birrell）である。

ボブとディック両名のこと

は記憶に深く刻まれている。ボブはツアーのマネージメントの責任者として振る舞う一方、物事を決める段には、私たちグループの意向を尊重し、必ず団長である筆者を通すよう努めていたのが印象に残っている。ディックもまた自身の役割行動に徹していて、その人柄を反映し運転もじつに慎重だった。

ドライヴインも珍しかった時代

今ではもう馴染みのKFC

筆者は道中の宿舎で彼と何度か同室になったが、同年齢ということもあって互いに心を通じ合える間柄であった。

研修の総括

長旅からソルトレイクに戻ると、帰国までは1週間あまりを残すのみであり、その間の予定の一つとして研修報告会が組み込まれていた。その機会を与えられることは有難かったが、そのことを知らされたのが開催3日前だったから大慌てで当日に備えた。

会場はヴァンコット・ホールのロビー、当日は研修に関わった大学関係者と学生、日系米国人協会関係者ら40名ほどが参集した。

筆者が研修中の種々の配慮・厚情に謝辞を述べ、それに続いてメンバー代表が国内旅行中の体験を報告、その後ピアノ演奏とギター弾き語りを披露したのち、参集者全員で"This Land is Your Land"を合唱して幕を閉じた。

迂闊にも訪米前にこの会を準備していなかったためにぶっつけ本番となってしまったが、私たちの謝意を伝えることができ、快い余韻とともに肩の荷を下ろしたのだった。

修了式

研修の締めくくりとなったのが学長室における修了式である。研修実施責任者のジャーヴィスをはじめ関係教員が同席する中、一人一人に修了証書が手渡された。私たち10名それぞれにとって忘れられない日であり、オルピン学長はじめ大学関係者やソルトレイク市民に対する謝意と敬意を新たにした。

また、その翌日に行われた全学卒業式にも招かれ、私たちの研修が成功裏に終わったとの紹介があって、大きな拍手を受けた。初秋を想わせる涼風を感じつつ充足感に浸っ

修了式の会場風景

オルピン学長から一人ずつ修了証書を受ける

Uのメンバーに

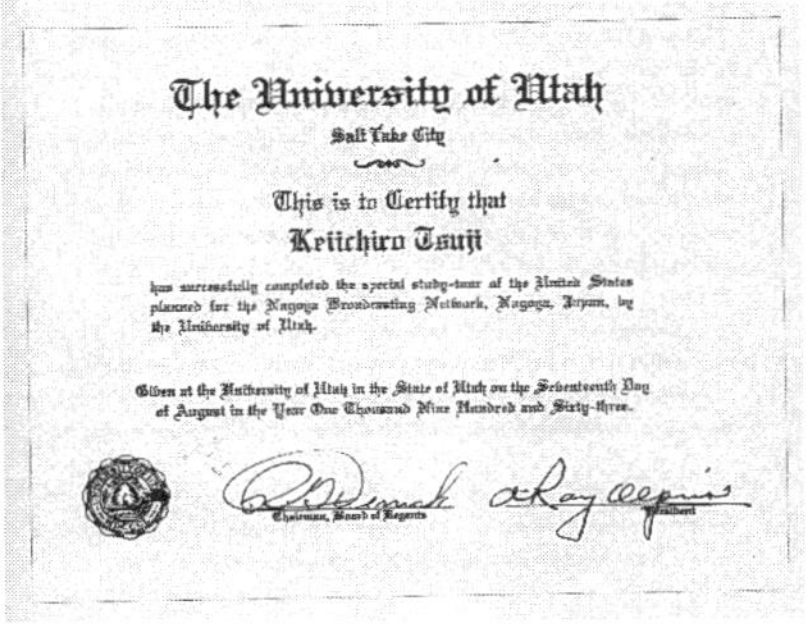
The University of Utah
Salt Lake City
This is to Certify that
Keiichiro Tsuji
has successfully completed the special study-tour of the United States planned for the Nagoya Broadcasting Network, Nagoya, Japan, by the University of Utah.
Given at the University of Utah in the State of Utah on the Seventeenth Day of August in the Year One Thousand Nine Hundred and Sixty-three.
Chairman, Board of Regents
President

修了証書

たことを今も鮮明に憶えている。

こうしてソルトレイク滞在を終えた私たちは、関係者の方たちの見送りを受けて空路ロスアンジェルスに向かい、滞米最後の一日を愉しんだのち、帰国の途に就いた。

事業評価～オルピンと神谷の往復書簡～

研修を受け入れたユタ大学は初回の研修をどう評価したのだろうか。それを窺わせるのが学長オルピンから神谷に宛てた文書である。その訳文が『第１回海外派遣学生報告書』に掲載されているので引用しておこう。

《オルピンから神谷に宛てた文書　１９６３年８月13日》

名古屋放送株式会社　取締役社長　神谷正太郎　殿

拝啓　まことに遅くなりましたが、私達夫婦が名古屋へ参りましたときのお礼を申し上げます。その節は大変ご歓待をしていただき、そのうえ美しい七宝のお土産まで頂きましたことを厚く感謝しております。ことに八勝館でのすばらしい夕食会は愛知県訪問中の一番楽しかったことでありました。また私達と同行したヒューレット夫人も皆様方のご好意に深く感謝しております。

さて、貴社が我が国へ派遣された学生達10名のことをご報告申し上げます。アメリカの慣習・文化・経済・政治などを学ぼうとするその青年達は予定通りに到着し、私達関係者一同に多大の感銘を与えてくれました。学生達は厳重に選考されており、広くいろいろな才能をもっていることがわかりました。またユタ大学の教授や学生とすぐに親しくなり、日本を代表する使節として立派に役目を果たしております。彼らが構内で生活し、オリエンテーションを受けているとき、私達夫婦は二度夕食会に招いてユタ大学の教授や学生と楽しく意見を交わしました。一回はアメリカ料理、もう一回は日本料理で行いました。

7月20日土曜日、10名の学生達は2台の自動車に分乗し、二人の先生が案内人となって研修旅行に出かけました。バスの利用を止めて自動車にしたのは、各地の訪問にも行先の市内での交通にも便利だからです。アメリカの重要な各地区を研修する旅行は間もなく終ります。学生達は数日中に大学に戻り、帰国前の一週間、総仕上げと討論を集中的に行なうよう準備しております。

私達はこの計画に大変感銘を受けておりますので、毎年の行事にして下さるよう希望しております。学生達が日本へ帰って、彼らの話を聞かれて、この計画を評価して頂きたいと思います。ご期待通りであったかどうか、またこの計画あるいはこれと同様の計画を継続されるかどうかをご決定願えれば嬉しく思います。重役の皆様に深甚なる謝意を表する次第です。

敬具

ユタ大学学長　A. Ray Olpin

これに対する神谷の返書は以下のとおりである。

《神谷からオルピンに宛てた文書　1963年8月30日》

ユタ大学学長　オルピン殿

謹啓　わが海外派遣学生10名は、最も効果がありかつ楽しい貴ユタ大学研修を終え8月23日無事名古屋に帰ってまいりました。

学生達に対しては非常に親切にしていただき、また数々のご援助をたまわりましたことを深く感謝しております。私は翌日会社で学生達からいろいろとアメリカでの体験を聞きました。彼らはみんな揃って「素晴らしく有益であった」、「ユタ大学やソルトレーク市民から大変歓待された」、「研修旅行は非常に有益であった」と言っておりました。このように学生達に喜ばれ、また効果があがったことは、オルピン学長の入念にして行き届いた計画によるものと存じます。

名古屋放送でエリア内の各大学から選考した学生達を海外へ派遣する計画を立てましたのは今回が初めてでありますが、あなたのご好意により成功し、日米両国の相互理解と友情を高揚しえたことは誠に喜ばしい限りであります。私は学生達が1カ月半の学園生活ならびに研修旅行を顧みて、いかに有益であったかと話しているのを聞いて、私達だけでなく、われわれの社会のためにも、また日米両国のためにも喜んでおります。

学生達がじかに体得してきた知識と貴重な経験は彼らの人生観をとくに国際的に広げることに役立つことと思っています。彼らはアメリカ人とその生活様式から非常な感銘を受けて帰ってきました。このことは全く私が学生に期待していた通りでした。われわれの計画が成功裡に遂行されたことはひとえにオルピン学長のご厚意の賜物と重ねて厚くお礼申し上げます。なお、オリエンテーションならびに研修旅行に大変お世話いただいたユタ大学の方々に深甚なる謝意を表する次第であります。

敬具

名古屋放送株式会社 取締役社長　神谷 正太郎

帰国挨拶

帰国した私たちは、研修の報告に追われた。テレビの特番出演などに加え、全員がリポートを作成して提出した。また、筆者は、帰国の報告とこの間の謝意を伝えるべく、再び勝沼を私邸に訪ねたが、その際、勝沼から滞米中に筆者が送った書簡の内容に関する質問と労いの言葉を受けた。改めてそれほどまで派遣事業に深い関心を示されたことに感動を覚えたのだった。

川崎寿彦の評価

帰国後まもなく研修報告の座談会が名古屋テレビで放映された。その番組で司会を務めたのが名古屋大学助教授（当時）の川崎寿彦である。川崎は豊かな海外体験をもち国際的に知られる英文学者・評論家であった。その彼が名古屋テレビの社内誌に以下のような文章を寄せている。

この夏、名古屋テレビ派遣の10名の学生がアメリカに行って来た。そのうちの数名は私のかつての教え子だし、その他の諸君とも出発前の準備期間に接触があったので、みんな顔なじみだったわけだ。さて、帰って来た諸君と「45日のアメリカ」という題でテレビ座談会をやったが、とてもいい印象だった。もともと元気な諸君が、ますます元気になって自信を増し、スピーディなチームワークと、すばやく的確な判断力を示した。やはり無駄でなかったようだ。

駆け出しながら私も教育者の一人だから、こんな企画をやってもらえるのは、涙が出るほどありがたいのである。私の足かけ5年の欧米生活は、みんな現地資本（?）の調達、つまりフルブライトとかロックフェラー財団とかでまかなった。日本人は、自分の子どものためならいざ知らず、教育投資をしない。なにしろ教育とは、とんでもない長期投資だ。山に植林するようなもので、結果は50年先、

100年先にやっと現われる。せっかちな日本人にはこれができない。「人づくり」と言っても、せいぜい社員を数日間禅寺に行かせるくらい。学生旅行にやっとスポンサーがついたと思ったら、旗を立てて自社の製品を宣伝して回れというこ とだったりする。

私は今回の派遣学生のような企画が続けられ、ますます盛んになることを切望する。東南アジアやその他の地域にもやってほしい。（私自身、1週間のインド滞在で、5年間の欧米生活に匹敵するくらいの強烈な印象を受けた。）そして、どうだろう、学生にもっと自主的にやらせてみたら。つまり、毎年、学生のグループ旅行計画を公募する。そして、行く先・目的・予算・旅程などの最優秀なものを選び、資金だけを世話していただく。今の学生はこんなことがとてもうまいし、これこそヴィジョンを与える教育となるだろう。

（名古屋テレビ社内誌『若い11』所載）

派遣生のリポート

帰国早々、研修報告を提出するよう私たちに指示があった。暫く間をおいて体験を整理したいと思っていたのだが、誰よりも神谷が私たちのリポートに関心を示していた。

報告書に掲載のリポート題目（報告書掲載順）

題目	執筆者	所属・学年
米国心理学の実情について	辻　敬一郎	名大院教博3
米国における病院の実情について	大野　良之	名大医4
米国の産業の実情を見て	青木　圭造	名大工4
米国の道路状況について	関野　陽	名大工4
米国のテクノロジーとその教育	真野　捷司	名工大3
米国英語雑感	岡部　朗一	南山大外語3
米国研修旅行を省みて	石井　照雄	南山大外語3
夏期講座と研修旅行を省みて	島田　幹夫	岐阜大農4
米国医学の実情について	吉田　寿	三重県医大院博3
米国の農業とその背景	池田　弘	三重大農2

それぞれ専攻の視点から滞米中の体験をまとめているが、その一例として筆者が提出したものを次章に転載しよう。

オルピンの学長退任

神谷の構想に共感して派遣学生の受け入れに尽力したオルピンは、その年8月末日、惜しまれてユタ大学長の任務を終えた。

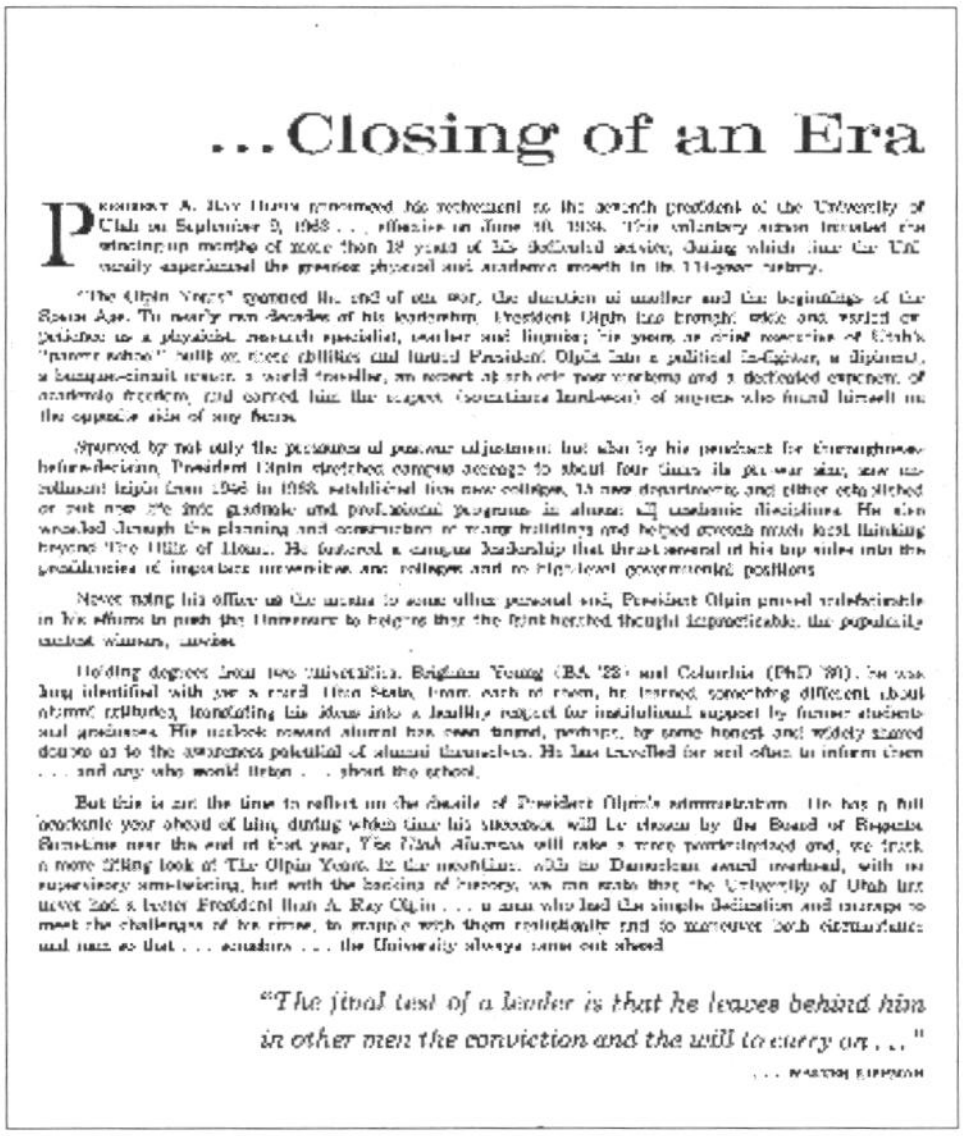
...Closing of an Era

"The final test of a leader is that he leaves behind him in other men the conviction and the will to carry on . . ."

オルピンの学長退任を報じた同窓会報記事

想えば、第1回派遣生の研修受け入れが彼の学長として最後の業務となったのである。そして、以後、この事業に対する彼の理解と支援が歴代学長に継承されることになる。

第1回派遣生の卒業・修了後の進路と現状

研修から戻った私たちは、研修中の宿舎だった学寮の名を採って

10名の仲間による「ヴァンコットソサエティ」（VanCott Society）を結成し、以来、今日まで交流を維持してきた。

会誌VCS NEWS

研修報告書（1963年）

第1回派遣生10名の卒業・修了後の進路は、民間企業4名、研究教育関係5名、医療分野2名（うち1名は研究教育を兼務）である。また、多くがその後、職務などで海外に出張・滞在の経験をもつ。ちなみに、本書執筆時点で、物故者1名を除く9名が全員それぞれの職を退き、別の形で社会的活動に従事している。

私たちは、研修から50年の節目に、記念誌『半世紀昔VCSメンバーズ アメリカを旅する そして…』を刊行した。他にも高齢化により交流の機会が減少することへの対策として、同人誌“VanCott Society News”の定期発行を始めた。その内容は時評・趣味紹介・近況報告などヴァラエティに富み、また記事をめぐって読後感想の交換も行われている。本書執筆時点ですでに第42号まで発刊されているが、編集責任者の尽力もあって一度の遅延・欠刊もなく年4回の発行がこの間続けられている。

Ⅳ 研修の成果

本章では、研修の成果の一例として、滞米中に筆者が得た知見を紹介しよう。本章の前半は滞在中のエピソード記憶の欠片、後半は報告書に寄稿した米国心理学界の動向を、それぞれ綴ったものである。

米国事情雑感 ～滞在中に気づいたこと～

先述のとおり、私たちの滞米は1カ月半、そのうち25日はソルトレイクを離れて国内の各地を歴訪した。広大な米国大陸を点ではなく線で繋ぐかたちで移動しながら、その自然や社会の多様性を実感できたのは貴重な体験である。

その間、訪れる先々でささやかな「発見」があった。そして、その一つ一つが60年余を経た今なお色褪せないエピソード記憶として息づいている。以下、そのいくつかを紹介しよう。

［自分の肌感覚 ～着衣にみられる個性～］

未暁に降り立った、初の外国の地サンフランシスコは雨、独立記念日翌週の休日とあって市内は閑散としていた。その日夕刻ソルトレイクに飛ぶまでの間、私たちは出費をしないよう気遣いながらひたすら街を歩きまわった。

折からの小雨の中、私たち全員が同色系の背広にネクタイ、肩に航空会社のロゴの入ったショルダーバッグという姿だった。だが、街で見かける人たちと言えば、服装は同じ年頃でもまちまちで、外套を着こんでいる人がいる一方、ノースリーヴのスポーティな姿もあった。

当時の日本では、6月になると衣替えと称して一斉に街が白くなったものである。その光景を見慣れていた私には、着衣の不揃いが異様に感じられ、それが多人種社会ゆえの現象だと気づかされた。皮膚の色が違うと暑さ寒さの体感が異なるだろうから、着衣を決めるにあたって、他者に倣うわけにいかない。このことに限らず、物事の判断基準の主体性・独自性がこういう事情から芽生えるのだと気づかされた。米国滞在初日のささやかな発見である。

［人種問題〜自由民権運動の裏面〜］

１９６３年は米国史上における画期的な年と言ってよい。公民権運動の父キング牧師（Martin Luther King Junior）が「私たちには夢がある」というあの有名な演説で差別撤廃を訴えたのがその年４月、影響は合衆国全域に広がりつつあった。しかし、永年にわたって人々の心に刻まれていた差別意識が一気になくなるわけではなく、社会生活のあちこちに因習が根強く存在していた。

公共交通機関では見えない指定席があり、買い物の行列にも優先順があった。食堂やマーケットのレジに黒人の姿はなく、ボストンのあるレストランのレジ係が「自分には１／16だけ黒人の血が混じっている」と誇らしげに話してくれたのが唯一の例外である。ニューヨークの街角では、中年の白人女性が私たちの姿を見て、幼児をあやすように「おお、ジャパニーズ・ボーイ」と叫んで投げキッスをしてきた。ソルトレイクの日本食レストランでは、私たちが醤油を使うのを眼にした白人男性が、聞こえよがしに黒人を揶揄する言葉を発した。

国内旅行中に立ち寄ったテネシー州ナッシュヴィルのヴァンダービルト大学では、黒人学生の一人から日本人である私たちに人種問題解決の先導役を担うよう期待された。米国が輝いていた時期、まだ闇から抜け切れない現実の一隅を見る思いだった。時代感覚や社会意識は、こうして行き戻りしながら変化していくのだろう。そう思わされた体験である。

［ヘブライ語専攻生 〜その就学動機〜］

移動の途中、いくつかの大学寮に泊まった際、米国人学生と交流の機会を得た。イェールでは、偶々ヘブライ語専攻という学生と言葉を交わす機会があった。私自身、大学1年のとき興味本位でラテン語の授業を受けた経験があったので、「なぜヘブライ語を学ぶのか?」と尋ねてみた。すると「自分がヘブライ語を専攻すれば米国におけるその理解者が一人増えるからだ」という答が返ってきた。

人気のある専攻分野に学生が集中しがちな中で、独自の意思に従い、そのことを誇りとする彼の態度に圧倒される思いだった。我が家の階段の踊場にはヘブライ語で書かれた古文書の1ページが額に入れて飾ってあるのだが、それを眼にするたび、今でもあのときの学生の言葉が甦る。

［質問の役割 ～観光地で気づいたこと～］

各地の名所旧跡を訪れる機会も多くあった。何処でもガイドの説明がじつに詳しいのだが、一通り説明が終わると決まって質問するよう促される。すると、それに応じて何人かが手を挙げる。

その中には幼い子どもも混じっているのだが、そこは子どものこと、途中よく聴いていなかったためすでに説明済みのことを尋ねたりもする。しかし、そんなとき、親が制止することもなければ、周囲のおとなたちが冷ややかな態度を見せることもない。ガイドは「いい質問だ」と言い、全員に改めて話して聞かせ、おとなたちも繰り返される説明に聴き入る。

こうして、その子どもは、自分の疑問を解くことができるだけでなく、周囲のおとなたちの理解に一役買ったという達成感も味わうことになるのである。見事な社会教育の一例と言えるのではなかろうか。

我が国でも外国人観光客が増えた昨今、ガイドの説明が変化してきたようだから、このような光景が見られるかもしれない。

［個人的見解～一般論の取り込み～］

滞米中、ユタ大学だけでなく、旅行途中でイェール、ハーヴァード、シカゴなどの大学のキャンパスで、専攻分野の研究室を訪問し、実験施設の見学や教授との面談の機会を得ることができた。もっとも夏季休暇中であり、時間が限られてもいたので、予め準備した質問を投げかけることしか叶わなかった。

その中で興味深く思ったのが、私の質問に対して返ってくる第一声である。「君は一般論が聴きたいのか、それとも私の個人的見解が知りたいのか？」と、決まって問い返される。

個人的見解が聴けるのなら願ってもないが、無理ならば一般論でもよしとしよう。そう思って「個人的見解なら有難いのですが、一般論でも構わないので聴かせてください」と答えると、相手は決まって「一般論は判らないが、個人的見解なら話せる」と言うのである。

一般論は書物でも知ることができるが、個人的見解に接する機会は貴重だ。どんなユニークな話なのかと期待していると、そこで語られるのは私の考える一般論にすぎない。そのことに失望させられることがしばしばあった。

同じ質問を自分が受けたとすれば、私はまったく逆に、それを「一般論」として語るにちがいない。個人的見解となれば、より一層独創的なものでなければそうだと認めるに値しないと思うからである。

この態度の違いは興味深い。納得できる一般論は、それを受け入れた時点で個人的見解となり、そう見なすことによって議論の活性化を促して新たな見解を導く途が拓ける。日米の研究者の構えの違いを知る出来事であった。

［表示の簡略化 ～安全指向と文化尊重の相克～］

高速道路網も初めて見る光景だった。都市部では自動車道が複雑に組み合わさって、私たちが眼にしたこともない独特の景観を創り出している。当時、我が国では高速道路はまだ一本もなかったから、この光景は驚きだった。

ハイウェイで気づいたのが道路標識の文字表示である。“Hi-way” や “Thru-way”

といった略字が多用されていた。この表示法、高速走行車の運転者に認識されやすいよう考案されたもので、高速運転時の心理的負荷を軽減する人間工学的方策として1950年代に導入されたものであることは知っていた。

旅行途中の或る日、小学校女性教師という方のお宅のティータイムに招かれたとき、この略字化を持ち出してみた。すると、即座に彼女から否定的な意見が出た。標識の視認性向上の方策が小学生の国語力を損なうというのである。自分のクラスでも靴下を“sox”、右を“rite”と書く子どもが増えたと言って、顔を曇らせた。技術と文化の相克、そういう見方もけっして大仰ではないと思った。

[使い捨て ~消費社会の事例~]

「使い捨て」という言葉は当時の日本にまだ存在しなかった。ところが、滞米中に見学に訪れた病院では、薬液の入ったプラスティック製の注射器を1回使うと捨てていた。その光景に思わず「もったいない」と言うと、「感染の心配がないから」だという説明が返ってきたのだが、それでも納得できなかった。

国内旅行中、ハイウェイ脇の所々で「車の墓場」が眼に着いた。廃車になった車が山積みになっているのだが、中にはまだ動くものもあるそうで、それを持ち帰って使っている学生がいると聞いたこともある。この光景を見て消費型社会の行く末を案じる人はいないのか、とそう思ったものである。

その時点で、私たちの社会が同じ状況になるとは、まったく予想できなかった。

［国歌と国旗 ～国意識形成の条件づけ？～］

国旗が掲揚され国歌が響くと、人々は立ち上がってそれに応える。終わると一斉に拍手が起き、それに続いて行事が始まる。

滞在中こんな場面にしばしば出逢った。ブロードウェイの劇場、田舎町の映画館、村の運動会、古戦場など、何処でもまず冒頭にこのセレモニイが行われる。初めのうち気に留めていなかったのだが、行事の最初に決まって行われるこの「儀式」について考えるようになった。

改めて言うまでもなく、この国は多くの民族で構成されているから、国民の一体感が自然発生しにくいと思われる。となれば国民感情の形成には何らかの「操作」が必要となろう。その手法として、国旗と国歌をそれに続く快的体験と連合させることにより、シンボルに対する好ましい感情の形成を促す「仕掛け」が必要だったのではなかろうか。流石に「条件反応」研究で先端を行く米国である。

滞在中、この「仮説」を周囲の人たちに投げかけてみたのだが、この儀式があまりにも日常化して意識化しづらくなったせいか、肯定も否定もされなかった。

［比較という視座 ～異質の意識化～］

私が滞米中に名古屋テレビに送った日報の全文が『研修報告書』の末尾に掲載されている。それをあらためて読み返してみると、「比較」の視点に立つ記述がじつに多い。確かに、現在に比べて当時は日米間の相違が著しかったから、そういう印象を抱いたことも肯ける。

一般に、初めての土地を訪れた人は、誰もが「外人」という立場を意識し、それまで自分自身が適応していた環境との違いに、或る種の衝撃を感じる。それは、動物一般に具わる「ネオフォビア」（新奇性恐怖）に動機づけられた反応と言ってもよい。新たな環境に順応してその状態が消えるのにどの程度の時間を要するかは一概に言えないが、かつてのイエズス会宣教師やオランダ商館付医師たち、我が国を訪れた外国人の滞在記からもその特徴が読み取れる。

［ブレンドされた国民性 ～日系米国人との出逢い～］

本書で何度もふれたように、アジア初の東京オリンピック開催を翌年に控えていたといえ、日米間の開きは今では想像できないほど大きかった。坂本九の「上を向いて歩こう」が「スキヤキ」のタイトルで米国で発売されたのがこの年5月、その翌月には3週連続してビルボード誌で首位を獲得していた。

そのことは、日系一世・二世の人たちにとって特別なことだったと思われる。移住した地で一度はアイデンティティ喪失の危機を体験した人たちにとって、ポップ調でありながらどこか哀愁を感じさせる曲調と歌声はとりわけ心に沁みたにちがいない。私たちに注がれる眼差には母国の若者に対する期待感が表現されていた。

その一方、三世の人たちには、私たちとの間の「距離」が感じられた。彼らの多くは、米国人の中でも最も米国人らしい一面を具えているように感じたものである。そして、この間に起きつつある意識の変化に想いを馳せたのだった。

［自己開示～ホームヴィジットで知りえたこと～］

第1回派遣生の受け入れまで充分な時間がなかったため、後に定番となるソルトレイク滞在中のホームステイは私たちには準備されていなかった。その代わりというわけではなかろうが、ソルトレイク滞在中は、オルピン学長主催の昼食会、講座担当教授宅のティーパーティ、日系一世宅の夕食会などの交流機会が準備され、さらには国内旅行中の滞在地でもホームヴィジットの機会が設けられていた。ボストン滞在中には一人ずつそれぞれのホストファミリー宅を訪問できた。このような準備にも苦労があったにちがいない。頭が下がる想いであった。

私が夕食に招かれたのはある弁護士のお宅である。ご夫妻の間に18歳を頭に6名のお子さんがいて賑やかだったが、一番下の娘さんが先天性障害者であること、家族全員が彼女の成長をサポートしていることなど、身内の問題を初対面の私に語った。私の専攻が心理学だったからかもしれないが、帰国後も何度か長文の手紙が届き、その後の成長ぶりや家族成員の心情などが細かに綴られていた。

それにしても、初対面の外国人に対してこれほどまで自己開示ができるというのは驚きだった。同時に、このような国柄だからこそカウンセラーが専門職として活躍できるのだと気づかされた。

［結びに］

滞在中に体験したこの種の「発見」は他にも数多い。専攻分野の異なる10名が行動を共にしたことによって、一人では見過ごしてしまいそうな一面にも気づかされたからである。これもまたこの海外研修ならではの成果だと言えよう。

米国心理学界の動向 ～専攻分野に関する見聞～

先述のとおり、私たちの研修目的がメンバーそれぞれの専攻に関わる学修を目的とするものではなかったし、滞在が夏季休暇と重なっていたため専攻分野の教育研究の実情にふれる機会は多くなかった。しかし、その限られた時間、筆者のコミュニケーション能力不足にもかかわらず、幸いにも、１９６０年代初期の米国に興りつつあった学術の新動向を感じ取ることができた。以下はそのリポートである。

［滞米中の訪問先］

理工系分野と異なり心理学の場合、研究施設や実験機器を見るだけで研究の構想を把握できるというわけにはいかず、背景となる見解を併せて理解する必要がある。さらにまた、今回の研修では、自身の専攻に捉われず広く米国の文化・社会の現況にふれることを目的としていたから、専攻分野に関する情報収集は二の次であった。

それでも、機会を得て米国の学術動向や心理学の先端的研究実態を知ることに努めた。以下に報告する内容はその一端である。今あらためて読み返すと、言葉の壁にもかかわらず当時の状況をある程度まで把握できたことが判る。

滞在中、ユタ大学の実験心理学研究室、ハーヴァード大学の動物実験施設とパーソナリティ研究センター、シカゴ大学の社会心理学研究室、ディー・ホスピタルの心理臨床部門、ユタ大学医療センター精神科を訪れて、施設の見学および関係者と面談した。他に、ユタ大学サマースクールで開講中の教育心理学の授業に参加して、担当教員や参加学生と意見交換した。

［米国における学術動向　～学際研究の萌芽～］

米国の心理学者の多くは、自身の研究課題を追究する一方、隣接諸分野との連携による「行動科学」（behavioral science）を構築してその基層を担っている。「パラダイム・シフト」として知られる20世紀半ばの学術動向である。その目標達成のため、従来型の学部と異なる分野横断型の組織体制としていくつかの「リサーチセンター」が設置されていて、心理学・社会学・文化人類学の研究者が参加した組織も活動を始めていた。新体制発足後まだ日が浅く、成果は充分と言えないが、このような分野連携によるアプローチは新鮮に感じられた。

［心理学教育の実情　～研究者養成の重視～］

心理学専攻の学生・大学院生とも面談し、彼らが関心をもつ課題、授業内容、卒業修了後の進路などを聴取した。教員組織の規模が我が国とは比較にならない規模であり、そこで開設されている授業科目も広範にわたっている。一例として、シカゴ大学の場合、心理学部に、教授5、准教授2、助教授5、講師1のスタッフによる11のコース、他に生物心理学専攻として、教授4、助教授3による4コースが設置されている。また、大学院には、教授12、准教授3，助教授10、その他、研究補助員や講師6名が配置され、60にも上る専門コースがあって、35名の大学院生がM．D．あるいはPh．D．の学位取得をめざしているという。

単一の大学にこれほどの教育スタッフを配置することなど、我が国では望むべくもない。しかも、分野間の相互交流を密にするためのクラブ組織まで設けられているのだという。研修を終えて帰国した私が、それまでの内向きの姿勢を一変して在外研究の機会を積極的に求めるようになったのも解かっていただけるであろう。

［授業参観の印象］

夏季休暇期間であったため学部・大学院の通常の授業を見学する機会は得られず、ユタ大学のサマースクールの教育心理学の授業を2回参観しただけに終わった。聞くところでは、米国の州立大学の70％において、教育心理学専攻は心理学専攻と別の組織に置かれていて、そこでは専ら教育現場における実践的課題を取り上げているということであった。

サマースクールの教育心理学の履修者はほとんどが小中学校の現職者であった。授業内容も学問的というよりも現場に密着した課題、例えば「平均点レベルの児童に成績表を手渡すときにどんな言葉をかければいいか」というような実践的問題を取り上げていた。

〔心理学専攻生との対話〕

心理学専攻の院生・学生は総じて成績優秀で、よく勉強すると聞いた。授業も単なる聴講ではなく、学生側から積極的にはたらきかけている。彼らは、自身が書物や講義を通じて学んだ見解であっても、共感し同調できる内容であれば、それを自分のものとすることにより積極的に議論に参加しているようである。

その点に関しては、先にふれた研究者の態度と違いがない。日本人の自分たちならば一般的だとする見解であっても、彼らの場合、自分が賛同できる内容ならばそれを個人的見解として取り込んで議論に挑む。その姿勢が米国社会に広く浸透していると言えよう。

他方、私たちの場合、研究会や学会の席で「これは○○の考えだ」、「一般論では〜とされている」などとお茶を濁して、自分がディスカッションの渦中に入るのを避けがちである。今回の米国研修で学んだことの一つである。

［主専攻と副専攻 〜ダブルメジャー〜］

心理学専攻の大学院生が口にするのは、心理学が「全体としての人間」を捉え損ねているという反省の言葉である。そして、その是正に向けて、先述の行動科学や生物科学に多大の期待を抱いている。学生たちは、心理学のほか、文化人類学・社会学など社会科学、生物学・生理学など生物科学、数学・統計学など数理科学、いわゆる隣接分野のいずれかを副専攻としている。そうすることによって、別の視点から心理学を捉えることが可能になると期待しているようだ。私自身も同じことを望んでいるのだが、我が国では制度上の障碍が大きくて実現の兆しがない。

［心理学専攻生の就職］

心理学専攻生に限らず、学生・大学院生にとって卒業・修了後の進路は大きな関心事である。ただし、米国の場合、心理学関連の資格認定制度が州ごとに設けられていて、心理技術者の受け入れ態勢が進んでいる。我が国では就職先が限られている実験系専攻のＰｈＤ取得者に宇宙開発専門職への途が拓かれているのもその一例である。私たちの滞在が夏季休暇期間であったため、大学院の授業を見学する機会が得られなかったのは残念である。

滞米中に心理技術者との面談機会が得られなかったので、彼らの職務実態を具に知ることはできなかったが、或る工場経営者によれば、「実験系心理学の専攻者を採用したことによって人間工学的な改善が進んだ」、「彼らの実証的態度が自分たち経営陣にもプラスになっている」とのことであった。

［他分野専攻者の心理学観］

他分野の研究者や社会人の心理学に対する評価も滞米中に知りたかったことの一つである。その例として、社会学研究者が学問的に関連の深い社会心理学の現状をどう観ているかを探ってみたが、自身の研究に心理学の尺度構成やデータ処理の技法を活用できるとして実験科学である心理学との協同に期待を寄せる一方、理論系社会学の研究者は心理学に対し冷ややかな態度を示した。

このような見聞に照らすと、当時、クーンの主張にもとづいて進められつつあったシフトの影響下の学際化の動きは従前の学問分野全体を動かすというよりも、異分野のそれぞれ特定の領域間で生じている傾向なのだと言えよう。「行動科学」にしても例外ではない。

［社会人の心理学観］

一般市民の心理学像はどうか。滞米中にそのことを知る機会は少なくなかった。彼らの多くが心理学を「心の学問」とみなし、私のインタヴュウでは心の内を読まれないように警戒する一方、心理学の知見が実生活に役立つという認識も普及していて、多くの家庭に初歩の心理学書が置かれていた。

米国の学術動向　～まとめに代えて～

以上が「報告書」に寄稿したリポートの概要である。言葉の壁のため意思疎通に欠けるところも少なくないが、当時、米国で進行しつつあった学術界の動向をそれなりに感じ取っている。

まさにその時期、米国の学術界では革命が進行しつつあった。先述のクーン

（Kuhn,T.）が主張するいわゆる「パラダイム・シフト」であり、19世紀を通じて構築された学問体系の見直しと新たな学際領域の台頭が顕著であった。「第二の科学革命」とされた学術界の新動向を知ったときの衝撃は大きかった。後に我が国の学界にも吹くことになる、この「新風」を一足早く感じたことが、学際化にいち早く対処する構えとなったように思う。

あれから60年経つ今、当時のリポートを読み返すと、そのときに受けた「衝撃」が甦ってくる。

V　派遣事業の継続と終了

派遣事業の継続

名古屋テレビでは、神谷の退任後も後継の歴代社長、川手泰二（在任１９７６～１９８５）、守部政喜（１９８５～１９８８）、木谷忠（１９８８～１９９３）が、この事業の発展に尽力した。ユタ大学においては、オルピンの退任後、フレッチャア（James C. Fletcher, １９６４～１９７１）、エメリイ（Alfred C. Emery, １９７１～１９７３）、ガードナー（David P. Gardner, １９７３～１９８３）、ピーターソン（Chase N. Peterson、１９８３～１９９１）、スミス（Arthur K. Smith、１９９１～１９９７）の歴代学長の下、研修内容が整備されていった。

この間、双方の研修責任者や実務担当者の相互交流が盛んに行われ、その成果が研修プログラムの改善に反映された。名古屋テレビ側では、当初、企画課を担当部署とし、岡島秀和・安田忠治・佐藤信らが本務の傍ら派遣関連業務に当たったが、10年目に派遣事業担当者として大木捷代が就任、業務全般を担当した。

ユタ大学側では、前述のジャーヴィスが永年にわたり研修を統括し、彼の指揮の下、初期にはマール・ロウ（Myrle Low）、その後を承けてメルヴィン・ヤング（Melvin Young）が研修業務を担当した。また、ロバート・ムカイ亡き後、夫人のマユミ（後のMayumi Call）がきめ細かな対応を果たしたことも忘れられない。

大学間協定に基づく相互交流ですら運営に円滑を欠くことが少なくない。ましてや、我が国の民間企業と外国の教育機関との連携となれば、事業遂行に支障が生じやすいと思われたが、両者間には当初から一貫して良好な関係が構築されていた。先述のように、毎回の派遣に際し、ユタ大学長に宛てた社長メッセージが派遣団長に託され、それに対しユタ大学長から返書が届けられた。また、第6回派遣団の滞米生活の取材に報道局員だった丹羽年弘がユタを訪問して研修の様子を取材したのをはじめ、歴代の社長と学長の相互訪問も続いた。

研修内容の変化

派遣事業初年、我が国では翌年秋の東京五輪開催に向けて社会インフラの整備が鋭意進められていた。とはいえ、筆者らの眼に米国との差はあまりにも大きかった。しかし、その後、両国の開きは急速に縮まり、それに応じて研修の実施にあたって細部に変更が加えられていく。

例えば、全行程を車で移動する国内旅行は最初の3回で終わり、それ以後は空路利用により移動日数を減らして訪問先の滞在日数を多くするよう配慮された。その際、航空便による移動を派遣生のみで行い、滞在地で待ち受けたユタ大学生が案内役を務めた。その他、ソルトレイク滞在中に、ホーム・ステイの機会が設けられた。筆者らの滞在中はホスト・ファミリーの協力が整わなかったために、それに代わるホーム・ヴィジットの機会が設けられたが、第三回以後、派遣生が米国人宅に分宿してその家族と生活を共にすることができるようになった。

神谷に対するユタ大学博士号の授与

派遣事業発足から満10年の１９７３年、ユタ大学は、派遣事業の発起者・推進者の神谷に名誉学位（人文科学博士号）を授与し、その功績を称えた。授与式には神谷自身が出席して、参列者から多くの賛辞を受けた。

ちなみに、同年秋、神谷は勲一等瑞宝章の栄誉を受けている。筆者は詳細を知る立場になかったが、学生海外派遣事業を行ったことも功績の一つとして評価されたのではなかろうか。

特報・神谷社長に人文科学博士号

ユタ大学から神谷社長に贈られた名誉博士（人文科学）の学位を受けるため、社長・副社長の一行が渡米していたが、無事日程を終えて6月11日に帰国した。

この授与式および川手副社長への名誉卒業生贈呈のもようは6月7日のNBNニュースでも放送されたが現地では非常な歓迎を受け、大いに相互親善の成果をあげた。

この程、その様子を伝える写真が出来てきたので、レポートとともに紹介する。

〔写真上〕授与式のあと右から副社長、社長夫妻、フレッチャー（NASA長官）夫妻・令嬢

〔写真下〕授与式会場・一万五千人収容の大ホール

ユタ大学における名誉学位授与式に出席する神谷正太郎

関係者の相互交流

事業の継続中、名古屋テレビ・ユタ大学の双方の代表者や実務担当者の交流が活発に行われ、先述のように、その成果が研修の整備改善に活かされた。事業発足10年・25年など節目にあたる年には、ユタ大学関係者を招いて名古屋テレビ主催のパーティが催された。中でも盛会だったのは、１９８７年８月、

ジャーヴィス夫妻、ヤング夫妻、ロウらを迎えて、当時社長の守部政喜が主催した事業発足25周年記念パーティである。この会には、過年度の派遣生も多数参加した。

この間、派遣生自身、ＯＢ会組織の立ち上げを企図し、歴代の代表者が参集して、名簿作成・規約制定・運営方針策定などの検討を進めた。ただ、全員が現役にあって日常職務に忙殺されていたため、組織づくりやＯＢ会活動はそれ以上に進展することなく経

ユタ大学関係者との交歓会の会場風景

ジャーヴィス教授の私邸を訪ねて

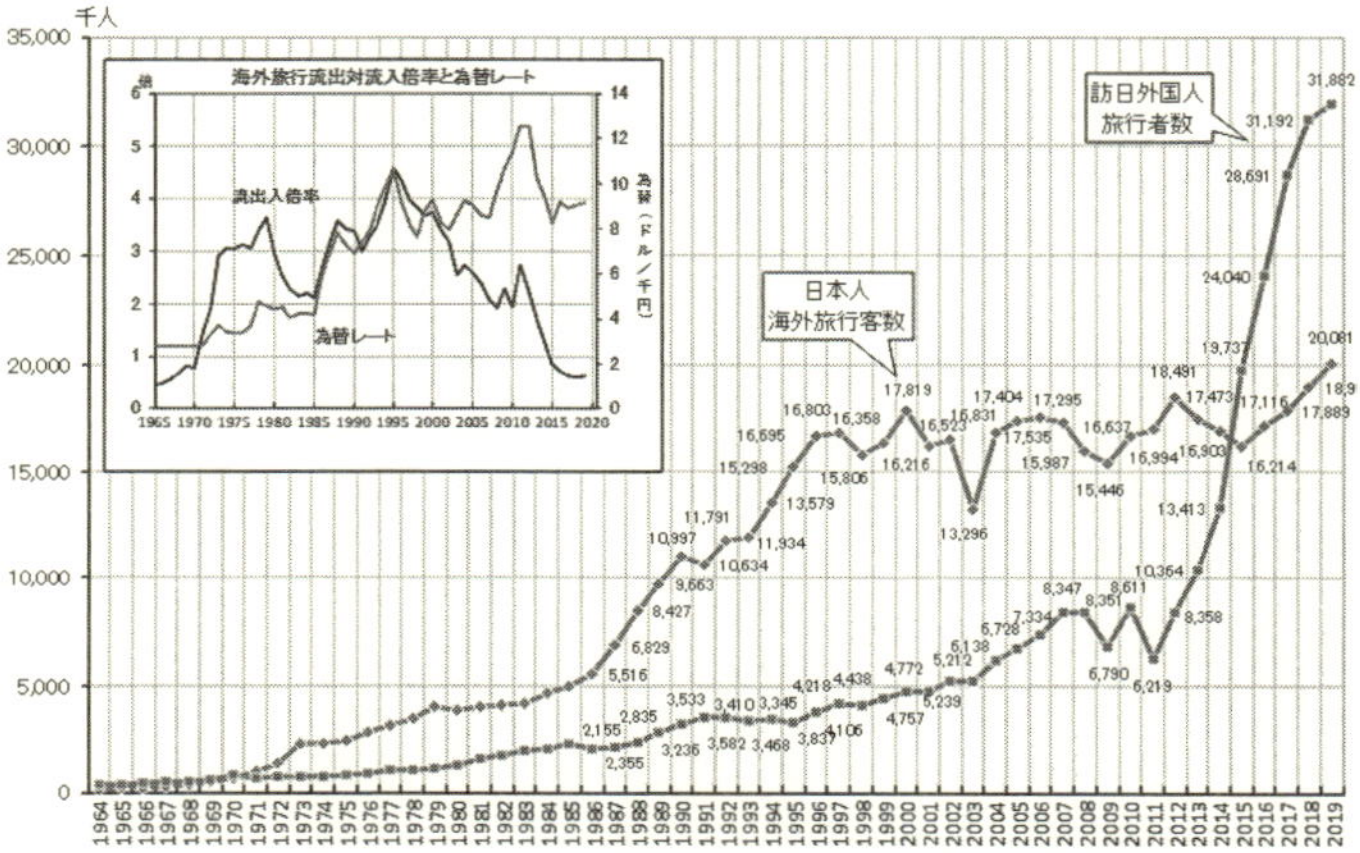

海外渡航日本人数と訪日外国人数の年次推移（日本政府観光局）

過した。

国際交流の時代的変化

１９９０年代に入ると、我が国の若者の間で観光目的の私的旅行が盛んになる。同じ時期、海外研修を〝売り〟にする大学も増えた。最も多いのが語学研修であり、主として英語圏の大学等と連携したプログラムであった。他に少数例ながら、博物館・美術館の見学や遺跡・地質の調査なども実施された。これらは、いずれも学科や専攻の授業の一環であるが、名古屋テレビ海外派遣制度にもとづく研修はそれらとは異なる独自性を具えていた。

上に掲げたのは日本政府観光局調べによる日本人の海外渡航者数と外国人の訪日者数の

経年推移である。日本人の海外渡航は1980年代後半に増加しはじめ、およそ10年を経って1990年代に頭打ちとなっている。この統計は学生など若年者に限られたものでないが、少なくともアウトバウンドに関しては学生層にもこれと同じ傾向が認められる。ちなみに、永く低迷していた来日外国人数は、2010年代半ば以降、爆発的に増加し、直近の数年も増え続けていて、両者の傾向は対照的である。

このような実態の背後にある要因はいくつか挙げられるが、概して若い人たちの海外志向が低下傾向にあることは複数の調査結果として報告されている。

派遣事業の総括

前項に述べた日本人の海外渡航数の推移にもかかわらず、名古屋テレビの米国研修の評価は高く、募集に応じる学生の数は、この間も変わることがなかった。最終回となった1992年の派遣生募集にも100名近い学生が応募したと聞くから、依然としてこの事業の独自性やその意義が広く認められていたのであろう。この夏期研修は依然として学生の関心の的でありつづけていた。

しかし、物事には初めがあれば終わりが来る。第1回派遣から30年にわたって続けられた派遣事業は、1992年夏をもってその幕を閉じた。当時、大学教員であった筆者は、同期派遣生だった岡部朗一と共に、派遣生OB会を代表して名古屋テレビに赴き事業の継続を要望した。その願いは叶わなかったが、この間の名古屋テレビの社会貢献には感謝してもしきれない。紛れもなく、この事業は若者の国際感覚の涵養を促し、派遣生が後に多方面にわたって活躍する基盤を与えるものであった。「商売の神様」と称された神谷は、稀代の社会事業家・教育者でもあったと言えよう。

この事業により貴重な海外研修を体験した者は総勢310名に上る。30年間、一度の中断や変更もなく実施されたのは、関係者の一方ならぬ努力の賜物である。

「あの日」から60年余を経た今、筆者は自分が神谷の期待に応える社会貢献を成しえたかどうか、顧みて心許ない。しかし、派遣生はその後、工業・経済・医療・学術・教育など多分野においてそれぞれの職務に従事し、社会的役割を担って今日に至る。そして、各自の滞米研修体験がその強いモティヴェーションとなったことは確かである。

ナゴヤ・スカラーシップ

事業を終えるにあたり、名古屋テレビは、永年の協力に対する謝意を籠めて、ユタ大学に20万ドルを寄付した。大学はそれを基金として「名古屋スカラーシップ」を設立、毎年2~3名の研究者や留学生に奨学金を贈っている。

こうして、派遣事業が終了したのちも、名古屋テレビの国際貢献は途絶えることなく続けられているのである。

あの夏の回想 ~派遣生OB会の記念事業~

第30回をもって派遣事業に終止符が打たれたことは、少なからず衝撃的であった。しかし、私たち派遣生は、それぞれの分野で職務に専念する中で、それぞれの人生に与えた滞米研修の影響を顧みる精神的余裕を欠きがちであった。

しかし、年齢を重ねるにつれて当時のエピソード・メモリイが甦り、改めてその社会的意義を実感するようになった。そして、第1回研修から半世紀経った節目の年、派遣生OB会として記念の行事を企画実施することになった。やはり「あの夏」は私たち全員の心に深く刻まれていたのである。

こうして、各回代表者による記念行事のための実行委員会が組織された。そして、話し合いの結果、名古屋テレビに対する謝意の表明、懇親会の開催、記念誌の刊行、ユタ関係者との懇親を内容とする「ＮＢＮ海外派遣発足50周年記念派遣生ＯＢ会事業」を立ち上げた。２０１１年暮れだったと記憶する。

名古屋テレビへの謝意表明

東京五輪の前年、神谷の創意によって始まった派遣事業が、その時点でこれほどまで長期にわたって継続されるとは想定されていなかったのではなかろうか。

この間に総勢３１０名がその恩恵に浴したが、特筆すべきは、この間に一度のトラブルもなく研修が行われたこと、派遣生たちがその後、様々な分野で活躍する素地が与えられたことである。神谷の先見に狂いはなかった。

その恩恵を得て貴重な海外研修を体験することができた私たちは、派遣事業発足から50年の節目にあたる２０１３年7月、名古屋テレビに「礎」の文字を刻した記念盤を贈呈して、永年の派遣事業に謝意を表した。

ちなみに、刻まれた「礎」は派遣生ＯＢの最も多くが推した文字であるが、それについては改めて説明するまでもなかろう。

「礎」を刻した記念盤

記念盤を贈呈

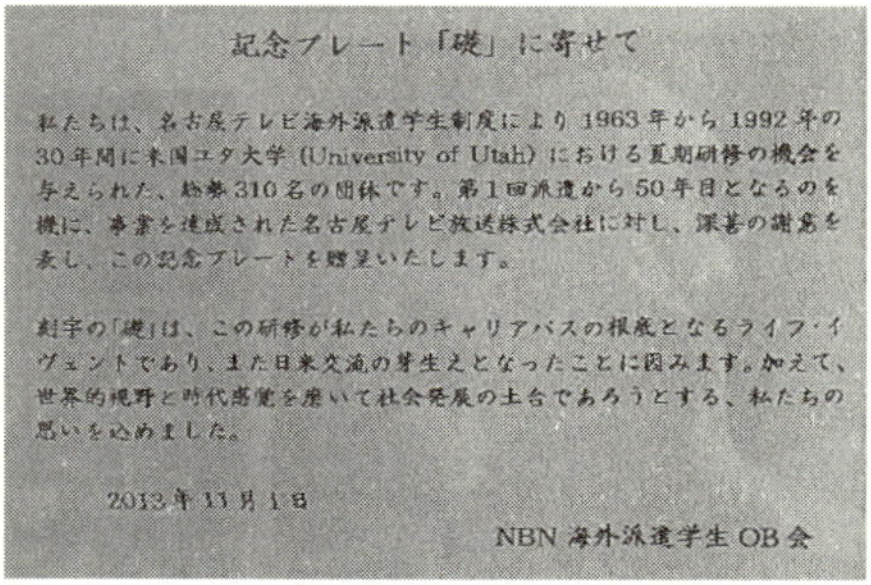
記念プレート「礎」に寄せて

私たちは、名古屋テレビ海外派遣学生制度により1963年から1992年の30年間に米国ユタ大学（University of Utah）における夏期研修の機会を与えられた、総勢310名の団体です。第1回派遣から50年目となるのを機に、事業を達成された名古屋テレビ放送株式会社に対し、深甚の謝意を表し、この記念プレートを贈呈いたします。

刻字の「礎」は、この研修が私たちのキャリアパスの根底となるライフ・イヴェントであり、また日米交流の芽生えとなったことに因みます。加えて、世界的視野と時代感覚を磨いて社会発展の土台であろうとする、私たちの思いを込めました。

2013年11月1日

NBN 海外派遣学生OB会

記念プレートに添えた感謝状

派遣生ＯＢ交歓会の開催

２０１３年３月、派遣発足50周年を記念して、派遣生ＯＢによる記念の集いが名古屋市内のホテルで盛大に開催された。この席には、名古屋テレビ関係者として常務取締役の浅井賢二、派遣生と関わりの深かった元職の丹羽年弘、派遣業務担当者だった大木捷代の各氏、ユタから研修実施に尽力されたマユミ・コール、メルヴィン・ヤングご夫妻の参加を得た。

記念誌の刊行

記念の集いに合わせ、ＯＢ会は冊子『あの夏 そして今―海外研修体験を振り返る―』を発行した。この準備には各回の派遣生代表が参加し、Ａ４判１７１ページに上る冊子には、それぞれの研修体験や現状が掲載されている。本誌は派遣生に配付するとともに、東海三県の主要大学を訪ねて留学生担当部署に贈呈した。

第21回派遣（1983年）
研修期間の活動

記念誌『あの夏 そして今
―海外研修体験を振り返る―』

ユタ大学表敬訪問（謝辞を述べる筆者）

先述の各回の研修報告書とともに、本誌が我が国教育史に資する文献として将来活用されることを望む。

ユタ大学表敬訪問および懇親会開催

この年、7月と9月の2回、派遣生有志がソルトレイクを訪問、ユタ大学表敬訪問や関係者との懇親の機会を設けた。それぞれ十数名の派遣生ＯＢが参加した。

第1回は比較的インフォーマルな形で、世話人だった学生、ホストファミリーらとの再会が実現、それに対し第2回ではユタ大学を表敬訪問し副学長に永年にわたった受け入れに対する謝辞を述べ、併せて研修実施に尽力のあった方たちを招待し昼食会を開催するなどした。

研修関係者やホストファミリーとの再会

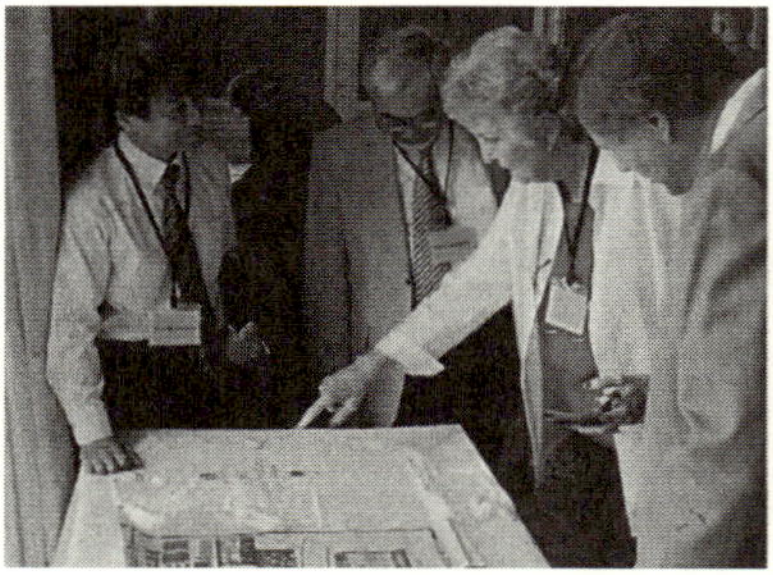

エピソード記憶が止めどなく甦る

半世紀ぶりにディックと再会

パーティの結び。全員合唱

派遣生OB会の活動

第1回派遣から半世紀、先述の諸行事が成功のうちに終わったのを機に、筆者はOB会代表幹事を退き、後任に石原俊洋（第7回派遣生）が就任した。そして、各回メンバーの相互交流を目的とする「緩やかな連帯」をモットーにOB会を運営することを申し合わせた。

その後、2024年8月、OB会の集いが企画開催された。この時点で半数以上がすでに定年退職して新たな人生を送っているのだが、この集いには予想を大幅に超える100余名の参加があり、若い学生たちの集いかと思われるほどの賑わいだった。私たちの心に刻まれた「あの夏」はけっして色褪せることがない、そう改めて感じさせられた。

同期メンバーの交流

派遣生OB会が「緩やかな連帯」を維持できるのは、各回派遣生の日頃の交流が支えとなっているからである。筆者は誰よりもそのことを実感させられる。

繰り返し述べてきたように、私たちの人間関係は、派遣生として選ばれたのを機にゼ口から出発している。しかも、出逢いは訪米直前に始まり異国における共同生活に端を発している。加えて、メンバーは、年齢・所属・専攻が異なり、それぞれに個性的であった。

人生において私たちは様々な出逢いを体験するが、このような集団の成員となる機会はごく稀である。それだけに、滞米中メンバー間に緊張が昂まることもあった。だが、一夏の滞米生活を通じて、私たちは仲間に対するリスペクトを感じるとともに自分の個性を意識するようになった。もっとも、そのことが貴重な人生経験だと悟るには時間が必要だったことも確かである。

ともあれ、私たち10名は帰国後に「ヴァンコット・ソサエティ」(Vancott Society)を結成して、今日まで交流を続けてきた。とはいえ、それぞれが職務に忙殺されていた時期にはその機会も間遠になりがちであった。しかし、年齢を重ねるにつれて懐旧の想いが募り、誰からともなく再会を待望するようになった。

その一方、種々の事情で一堂に会することが容易でなくなる。メンバーの一人から「紙上交流」の提案があったのはその頃である。契機になったのが派遣から半世紀経った2013年の『あの夏』の刊行である。そこでは紙数が限られていて自分たちの想いを存分に述べられなかったとして、第1回派遣生による記念誌を別に出すことになり、石井照雄を中心に、日本語・英語併記の『半世紀昔 VCSメンバーズ アメリカを旅する そして…』(Episodes, Histories and Prospects of the then young Japanese Gentlemen who visited USA 50 years ago) を作成し、日米両国の関係者に贈呈した。

訪米50周年記念誌

VCSの季刊交流誌

それを契機に、離れて暮らす仲間が一堂に会する機会が減ることを想定し、メンバー交流のツールとして会誌の発行を申し合わせた。編集は引き続き石井が担当、年4回発行の冊子には、それぞれ趣味・世評・旅行記・自分史など自由な話題が掲載される。しかも、発行されると読後感の交換もあり、こうしてメンバーの相互交流が活発になっている。

始まった当初は「三号雑誌」の憂き目に遭うと思っていたのだが、気がつけば創刊から10年半が経過し、本稿執筆の時点で既刊42号に達している。この間、一度の遅延や休刊がないというのも嬉しい驚きである。

これと並行して、一時期ＺＯＯＭによる会合も開催したが、予想に反して、この対面交流は3回ばかりで自然消滅してしまった。

あらためてあの夏を顧みる

文献や報道では得ることのできない「風」を感じるというのは、若者の力である。筆者が、限られた英語力にもかかわらず、僅か1カ月半の滞在中、当時の米国で進展しつつあった新たな学術動向を感じ取ることができたのはそのせいである。米国研修から戻ると、やがて我が国の学界でも同じような状況が起きたのだが、いち早くそれを感知できたのもその証である。

情報伝達技術が進歩したせいで、近頃は居ながらにして世界中の新たな情報を得ることができる。しかし、自国に届く文献や資料から風は感じられない。先に述べたように、訪米当時に米国で進行しつつあった科学革命に衝撃を受けたというのは、自分の研究人生における貴重な体験であった。

若い人たちには、風を感じるため海外に出かけてほしい、そう願わずにはいられない。

〈参考文献〉

名古屋放送社史編集委員会（１９７２）『希望の泉―名古屋テレビ10周年記念―』
名古屋テレビ放送社史編集委員会（１９９２）『名古屋テレビ放送30年』
開局50周年記念社史編集局（２０１２）『名古屋テレビ放送50年史』
名古屋テレビ海外派遣学生ＯＢ会（２０１３）『あの夏 そして今＝海外研修体験を振り返る＝』
辻敬一郎（２０１７）『心理学の楽屋話』 名古屋大学生活協同組合印刷部（私家版）
辻敬一郎（２０１９）『饒舌な時間』 名古屋大学生活協同組合印刷部（私家版）
辻敬一郎（２０２４）『若者の心に刻まれた夏～そのエピソード・メモリイ～』 名古屋テレビ海外派遣学生ＯＢ会発足60周年記念の集い：講演資料

あとがき

本書を執筆中の八月、ここに紹介した内容を短くまとめ、派遣生ＯＢの集いで披露した。その席に集まったのは総勢３１０名のほぼ３分の１にあたる１０８名だった。事業の終了から30年余り経つというのに、これほど大勢の参加があったことに企画者のＯＢ会幹事諸兄も驚き、当日の盛り上がりを喜ぶとともに、若い時期の一夏の体験がその後の人生に及ぼした影響の大きさを改めて感じさせられた。

他に例のない形の外国体験を、単に仲間だけの懐旧談に終わらせることのないようにとの想いから、本書の出版を決断した。起草から脱稿までに充分な時間をかけることができなかったため、記述の不充分な点や他に瑕疵もあるだろう。それらについては、ご指摘を受けて改めていきたいと思う。

本書が若い人たちの海外への想いを駆り立てるものとなれば、これに勝る喜びはない。末筆ながら、この執筆を勧めてくださった名古屋テレビ海外派遣生ＯＢ会幹事会、出版をお引き受けくださった風媒社に厚く御礼を申し上げる。

２０２４年10月

辻　敬一郎

著者略歴

1937年、名古屋市に生まれる。1964年、名古屋大学大学院教育学研究科博士課程満期退学。文学博士。

1964年4月から2000年3月まで36年間、名古屋大学において教育研究に従事するとともに文学部長・副総長を兼務、2000年3月定年退職、名誉教授。2000年4月、中京大学心理学部教授に着任、2006年3月退職。

この間、シェフィールド大学心理学部、ロザンヌ大学生物学部の客員教授、文部省審議会分科会委員、日本学術会議連携会員、日本心理学会理事長・日本基礎心理学会理事長などを務める。

専門は実験心理学・動物行動学、視空間意識や行動進化に関する研究に従事した。2015年秋、瑞宝中綬章を受ける。

趣味は、酒気帯び歓談と動物飼育。

若者の心に刻まれた夏　ある民放会社の社会貢献

2025年3月28日　第1刷発行　　（定価はカバーに表示してあります）

著　者　　辻 敬一郎

発行者　　山口　章

発行所　名古屋市中区大須 1-16-29　振替 00880-5-5616 電話 052-218-7808　http://www.fubaisha.com/　風媒社

＊印刷・製本／モリモト印刷　　乱丁本・落丁本はお取り替えいたします。

ISBN978-4-8331-5467-3